太空教师天文课

认识宇宙

"学习强国"学习平台　组编

科学普及出版社
·北　京·

编 委 会

支持单位

（按汉语拼音排序）

国家航天局

南京大学

中国科学院国家天文台

中国科学院紫金山天文台

序

习近平总书记高度重视航天事业发展，指出"航天梦是强国梦的重要组成部分"。在以习近平同志为核心的党中央坚强领导下，广大航天领域工作者勇攀科技高峰，一批批重大工程成就举世瞩目，我国航天科技实现跨越式发展，航天强国建设迈出坚实步伐，航天人才队伍不断壮大。

欣闻"学习强国"学习平台携手科学普及出版社，联合打造了航天强国主题下兼具科普性、趣味性的青少年读物《学习强国太空教师天文课》，以此套书展现我国航天强国建设历程及人类太空探索历程，用绘本的形式全景呈现我国在太空探索中取得的历史性成就，普及航天知识，不仅能让青少年认识了解我国丰硕的航天科技成果、重大科学发现及重大基础理论突破，还能激发他们的兴趣，点燃他们心中科学的火种，助力青少年的科学启蒙。

　　这套书在立足权威科普信息的基础上，充分考虑到青少年的阅读习惯，用贴近青少年认知水平的方式普及知识，内容涉及天文、历史、物理、地理等多领域学科，融思想性、科学性、知识性、趣味性为一体，是一套普及科学技术知识、弘扬科学精神、传播科学思想、倡导科学方法的青少年科普佳作。

　　我衷心期盼这套书能引领青少年走近航天领域，从小树立远大志向，勇担航天强国使命，将中国航天精神代代相传。

中国探月工程总设计师

中国工程院院士

2024 年 3 月

　　推开宇宙之门、置身浩瀚宇宙的那一刻，航天员王亚平感到自己穿越到了另一个时空。

　　宇宙之美无与伦比，而人类居住的蓝色星球悬居其间，平静、美丽而祥和。

看到这样的景象，王亚平的心中不自觉地涌起一种深切的感动之情。

让我们跟随"太空教师"王亚平的脚步，开启探索之旅吧！

目　录

用光年丈量的宇宙

扫码观看在线课程

中国空间站距离地面约 400 千米，这个距离只是我们探索宇宙过程中的小小一步。我们说到宇宙、天体距离，离不开"光年"这个单位。光在真空中 1 年走过的路程为 1 光年。

大家知道我在太空中住在哪里吗？

人类在太空中的家——空间站

空间站就是航天员在太空中住的"房子"，有了它，航天员才能长期在太空中生活。空间站也叫太空站、航天站等，它的体积较大、结构复杂、功能多，是一种比较经济的航天器。

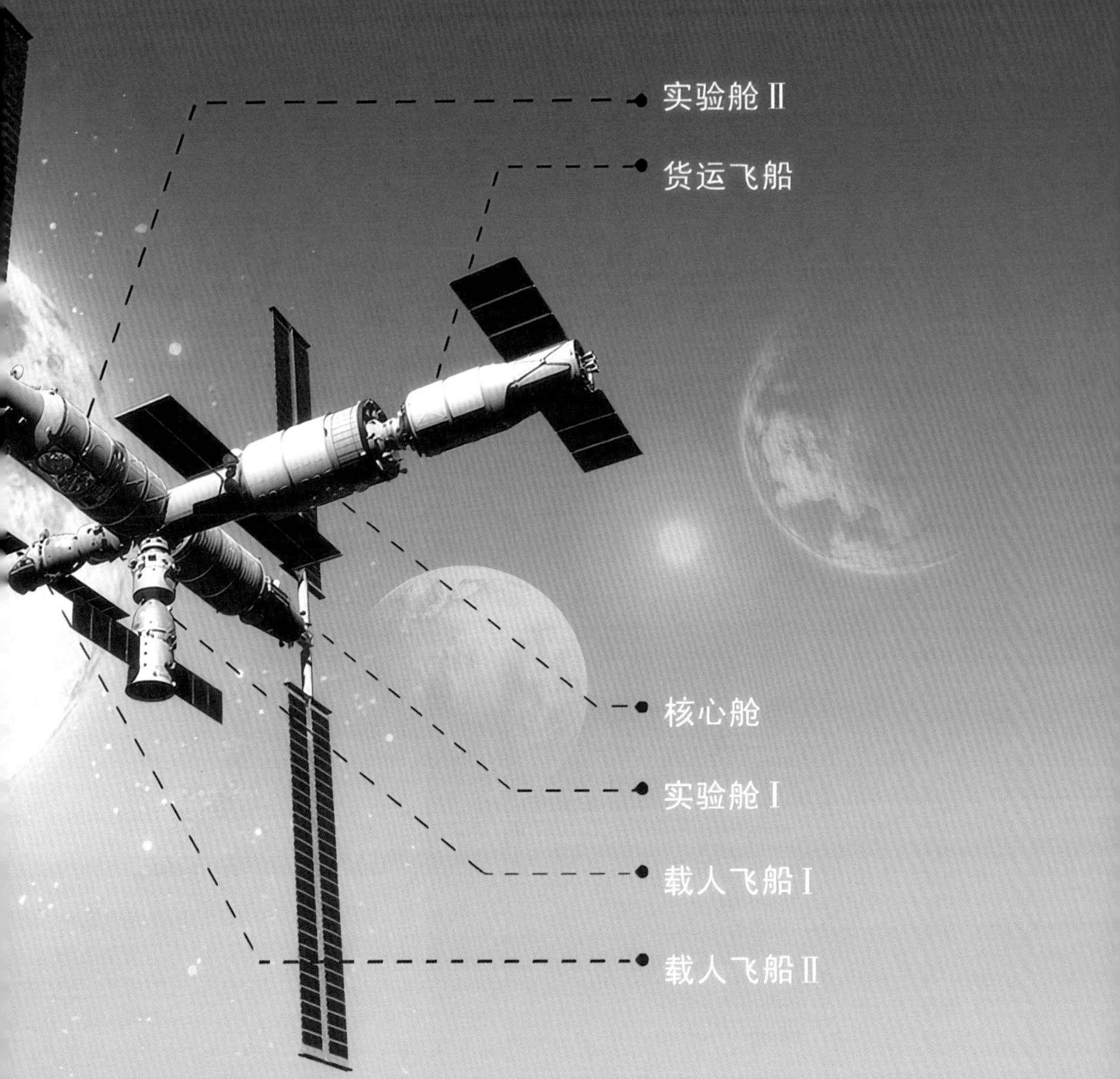

实验舱Ⅱ

货运飞船

核心舱

实验舱Ⅰ

载人飞船Ⅰ

载人飞船Ⅱ

中国空间站

现在我们所认识的宇宙尺度已经达到百亿光年的量级。人类目前到达过的最远天体，就是距地球约 38 万千米远的月球，它是地球唯一的天然卫星。

从地月系再向外，人类借助探测器和天文望远镜，可以观察和了解更加深邃的宇宙。

你说什么？大点儿声！

人类历史上第一台天文望远镜

伽利略望远镜

　　1609 年，意大利天文学家伽利略偶然间听到一个消息：荷兰有个眼镜商人发明了一种能看见远景的"幻镜"。这使伽利略兴奋不已，他一头钻进实验室，不久后，便发明了人类历史上的第一台天文望远镜——伽利略望远镜，并用它来观测天体。通过观测，伽利略发现所见恒星的数目随着望远镜倍率的增大而增加、月球表面是崎岖不平的……他的重要发现开辟了天文学的新时代，有力地证明了哥白尼的日心说。

02

揭秘宇宙

扫码观看在线课程

定义中的宇宙

　　也许你会认为，宇宙是无边无际的空间，但实际上宇宙并不只是空间上的概念。

　　关于宇宙，古人在很久以前就给出了在今天看来依然正确的定义——"四方上下曰宇，古往今来曰宙"。这里的"宇"指无边无际的空间，"宙"指不断消逝的时间，"宇宙"即空间和时间。

四方上下曰宇 古往今来曰宙

随着科学的不断发展，在大约 100 年前，人类发现空间、时间、物质和能量之间有着密不可分的关系，因此科学家对"宇宙"作出了更严谨的定义。

名词小课堂

宇宙指空间、时间、物质和能量的总和。

敲黑板，讲重点啦！

宇宙的起源和层次

　　宇宙从何而来呢？现在被广泛接受的是由美国物理学家乔治·伽莫夫提出的宇宙大爆炸理论，该理论认为宇宙是约138亿年前一次大爆炸的产物，宇宙始于一个密度无限大、温度无限高、体积无限小的奇点，之后经过几个阶段，形成现在的宇宙，直到现在，宇宙仍然在加速膨胀。

科学家档案

姓　　名▶乔治·伽莫夫。

生 卒 年▶1904—1968年。

人物简介▶他兴趣广泛，从事过原子核物理学研究、天体物理学研究等。同时，他也是一位非常有名的科普作家，他的许多科普作品风靡全球。

作　　品▶《宇宙的创生》《物理世界奇遇记》《从一到无穷大》等。

砰！宇宙诞生啦！

我们可以将宇宙分为从近到远的五个层次：地月系、太阳系、银河系、大尺度结构和可观测宇宙。

地心说PK日心说

地心说和日心说是古代描述宇宙结构和运动的两种学说。地心说认为地球居于宇宙的中心不动，太阳、月球和其他星球都绕地球转动；日心说则认为太阳处于宇宙的中心，地球和其他行星都绕太阳转动。

我是宇宙的中心。

胡说，我才是宇宙的中心！

地心说

　　最初由古希腊学者欧多克斯提出，经亚里士多德、托勒密进一步发展而逐渐建立和完善起来。在日心说创立之前，地心说一直占统治地位，并长期为教会所利用。

日心说

　　古希腊天文学家阿里斯塔克在公元前3世纪已提出日心说的看法，但后来地心说却占统治地位，直到16世纪，哥白尼才又提出日心说并进行系统的论述。

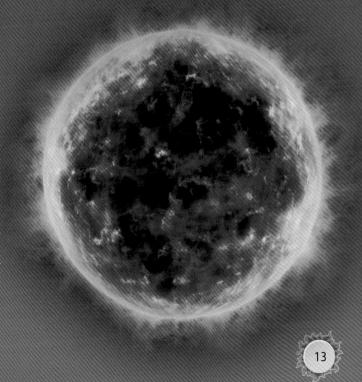

03

浩瀚的银河系

扫码观看在线课程

纵观正在加速膨胀的宇宙，我们从数以千亿的星系中，锁定一个并不起眼儿的像旋涡一样的星系，这就是银河系。

太阳系在哪里呢？

银河系从中心旋转出多条旋臂，有恒星分布的银盘直径为 17 万 ~20 万光年，太阳系就位于其中一条叫作猎户座小旋臂的边缘地带。

城乡接合部

如果把银河系的中心比作一个大型城市的中心，那么我们生活的太阳系大约位于城乡接合部，距离中心约 2.7 万光年，并且只是银河系数千亿个恒星系统之一，沧海之一粟，却几乎是人类赖以生存的整个世界。

我和"旅行者2号"是一对孪生探测器，形体结构和功能相似，并且都携带刻有"地球之音"的金唱片哟！

1977年人类发射的"旅行者1号"，是目前距离地球最遥远的探测器，它正以超出第三宇宙速度的能力远离太阳，不过想要到达离太阳最近的恒星比邻星，也需要几万年的时间。

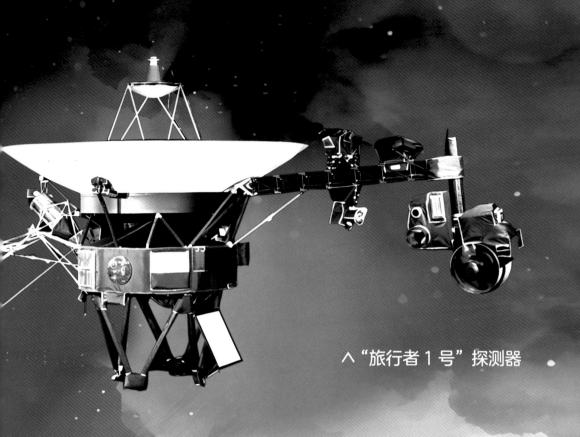

∧ "旅行者 1 号" 探测器

猜一猜 宇宙速度有多快?

　　早期, 人类在探索航天途径时, 为了估计克服地球引力、太阳引力所需的最小能量, 引入了三个宇宙速度的概念。假设从地球的表面发射飞行器, 第一宇宙速度是飞行器环绕地球所需要的最小速度, 约 7.9 千米 / 秒; 第二宇宙速度是飞行器脱离地球所需要的最小速度, 约 11.2 千米 / 秒; 第三宇宙速度是飞行器飞出太阳系所需要的最小速度, 约 16.7 千米 / 秒。

银河系中还有各种各样美丽的星云，它们有的是恒星形成区，也就是恒星诞生的摇篮，如猎户座大星云；有的是恒星爆炸后留下的遗迹，也就是恒星的坟墓，如蟹状星云。

⚠ 猎户座大星云

还有一类星云，它们本是不发光的，但由于恰好投影在一个亮的背景上，所以我们能够看到它们，这类星云叫暗星云。位于猎户座的马头星云就是著名的暗星云。

⚠ 蟹状星云

⚠ 马头星云

04

热闹的河外星系

扫码观看在线课程

在银河系之外，还有数千亿个其他星系，我们称它们为河外星系。星系在宇宙中的分布是不均匀的，它们有聚群成团的趋势。

遥远的河外星系

在相当长的一段时间里，人类一直以为银河系就是宇宙的全部。随着望远镜的发明，科学家渐渐发现了河外星系的存在，这让人们意识到，银河系只是宇宙中微不足道的一小部分。这一发现不仅拓宽了人们对宇宙的认知视野，也激发了人们对宇宙的好奇心和探索欲。

根据数量的多寡，我们一般把由十几至几十个星系组成的一群星系称为星系群，尺度在数百万光年量级；把几十、几百个由引力聚集形成的星系集团称为星系团，尺度在千万光年量级；一些星系团又构成了尺度更大的超星系团，尺度在数亿光年量级。在更大尺度上，星系分布呈现出多种结构特征，如纤维状结构、巨壁、巨洞等。

　　本页背景图是室女星系团，图中所有非点状的天体都是星系。

星系群？

星系团？

超星系团？

05

神秘的可观测宇宙

扫码观看在线课程

什么是可观测宇宙呢？

可观测宇宙是我们能探测到的宇宙范围，是一个以探测者为中心的球形区域内的宇宙。

让我来看看宇宙中都有什么……

　　由于光速有限，在此范围之外的光还没有传到我们这里，所以我们无法看到更广袤的宇宙。基于宇宙大爆炸理论和目前测得的宇宙参数值，宇宙的年龄约为 138 亿岁。如果考虑到这 138 亿年间宇宙的膨胀，我们所能看到的最远的地方已距我们约 470 亿光年。

　　走出地球，不断探索更广袤的宇宙，是人类从未停止过的追求和梦想。

如今，我们的"玉兔二号"仍在月球上攀爬，"祝融号"还栖息在火星表面，"中国天眼"也在时刻观察着更深邃的宇宙。

国天眼"

什么是"中国天眼"？

在贵州省黔南布依族苗族自治州平塘县克度镇大窝凼的喀斯特洼地里，有一只巨大的"眼睛"正在向宇宙深处遥望，这就是我国建造的 500 米口径球面射电望远镜，又称"中国天眼"。目前，"中国天眼"是全球最大且最灵敏的单口径射电望远镜。人们可以用它来搜索脉冲星，探索宇宙的起源。

"中国天眼"之父——南仁东

说到"中国天眼"，就不得不提到一个人，那就是南仁东。他曾任"中国天眼"项目的首席科学家兼总工程师，带领团队攻克了无数技术难关。即使是在病重期间，他依然心系工作。2017 年 9 月 15 日，南仁东永远闭上了眼睛。2018 年 10 月 15 日，中国科学院国家天文台将一颗国际永久编号为 79694 的小行星正式命名为"南仁东星"。

未来，随着中国空间站巡天空间望远镜的升空，我们能够更好地对宇宙结构的演化，甚至是暗物质和暗能量进行观测。

名词小课堂

空间望远镜是由航天器送到大气层外进行天文观测的天文望远镜，制造要求比地面望远镜高。

哈勃空间望远镜

中国空间站巡天空间

中国空间站巡天空间望远镜是中国载人航天工程规划建设的大型空间天文望远镜，正如其名字所表明

我是哈勃空间望远镜，于 1990 年 4 月 24 日发射升空，配备有光谱仪、光度计等多种设备，至今已取得大量高质量的观测资料。

望远镜要来啦！

的那样，中国空间站巡天空间望远镜的主要使命是"巡天观测"，也就是对天体进行普查。它能够清晰、精细地观察到成千上万的星系，为我们带来宇宙全景式高清图。让我们一起拭目以待吧！

● 会 "隐身" 的暗物质

什么是暗物质呢？

暗物质其实是由天文观测推断存在于宇宙中的不发光物质，这种物质不参与电磁作用，人们用常规手段看不到它们，就好像它们会"隐身"一样，但它们仍参与引力作用，因此可能被探测到。

为了揭开暗物质的神秘面纱，2015 年 12 月 17 日，我国发射了暗物质粒子探测卫星"悟空号"。

暗物质在哪里呢？

∧"悟空号"卫星

● 神秘的暗能量

　　了解完暗物质，我们再来认识一下暗能量。暗能量是一种致使宇宙加速膨胀的能量成分。目前，人类对暗能量的研究仍处于初级阶段，科学家根据模型分析认为，我们所熟悉的普通物质世界约占整个宇宙的 5%，暗物质约占 27%，最为神秘的暗能量约占 68%。未来，我们将继续探寻暗能量的奥秘。

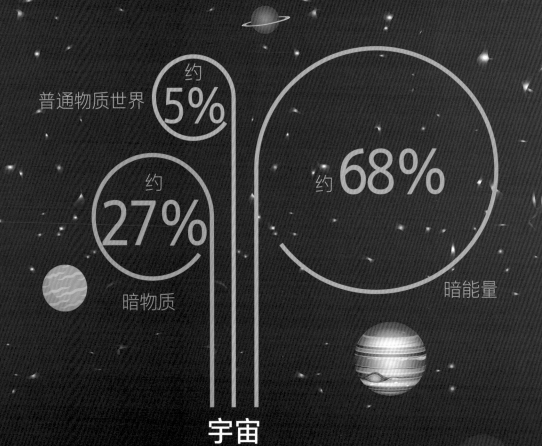

普通物质世界

约 5%

约 27%

暗物质

约 68%

暗能量

宇宙

浩瀚的宇宙神秘而美丽，
还有无穷无尽的未知
等待我们去探索。

浩瀚的银河系 03

- 银河系的外貌
- 宇宙速度
- "旅行者1号"探测器
- 星云

热闹的 河外星系 04

- 星系群
- 星系团
- 超星系团

揭秘宇宙 02

- 什么是宇宙
- 宇宙的起源和层次
- 地心说和日心说

神秘的 可观测宇宙 05

- 什么是可观测宇宙
- "中国天眼"
- 空间望远镜
- 暗物质
- 暗能量

用光年 丈量的宇宙 01

- 空间站
- 地月距离
- 伽利略望远镜